公路施工安全教育系列丛书——工种安全操作

本书为《公路施工安全视频教程》配套用书

U0269548

张 拉 工

安全操作手册

广 东 省 交 通 运 输 厅 组织编写

广东省南粤交通投资建设有限公司
中铁隧道局集团有限公司 主　编

人民交通出版社股份有限公司
China Communications Press Co.,Ltd.

内 容 提 要

　　本书是《公路施工安全教育系列丛书——工种安全操作》中的一本，是《公路施工安全视频教程》(第五册　工种安全操作)的配套用书。本书主要介绍张拉工安全作业的相关内容，包括：张拉工简介，张拉工主要工作内容及安全风险，张拉工基本安全要求，钢绞线下料及安装作业安全要求，钢绞线张拉作业安全要求，放张作业安全要求，张拉作业其他注意事项，预应力孔道压浆作业安全要求等。

　　本书可供张拉工使用，也可作为相关人员安全学习的参考资料。

图书在版编目(CIP)数据

张拉工安全操作手册/广东省交通运输厅组织编写；

广东省南粤交通投资建设有限公司，中铁隧道局集团有限

公司主编. — 北京：人民交通出版社股份有限公司，

2018.12

　　ISBN 978-7-114-15044-9

　　Ⅰ．①张…　Ⅱ．①广…　②广…　③中…　Ⅲ．①预应力

施工—安全技术—手册　Ⅳ．①TU757-62

　　中国版本图书馆 CIP 数据核字(2018)第 226239 号

Zhanglagong Anquan Caozuo Shouce

书　　名：张拉工安全操作手册
著 作 者：广东省交通运输厅组织编写
　　　　　广东省南粤交通投资建设有限公司　中铁隧道局集团有限公司主编
责任编辑：韩亚楠　朱明周
责任校对：宿秀英
责任印制：张　凯
出版发行：人民交通出版社股份有限公司
地　　址：(100011)北京市朝阳区安定门外外馆斜街 3 号
网　　址：http://www.ccpress.com.cn
销售电话：(010)59757973
总 经 销：人民交通出版社股份有限公司发行部
经　　销：各地新华书店
印　　刷：中国电影出版社印刷厂
开　　本：880×1230　1/32
印　　张：1.375
字　　数：35 千
版　　次：2018 年 12 月　第 1 版
印　　次：2018 年 12 月　第 1 次印刷
书　　号：ISBN 978-7-114-15044-9
定　　价：15.00 元
(有印刷、装订质量问题的图书由本公司负责调换)

编委会名单

EDITORIAL BOARD

《公路施工安全教育系列丛书——工种安全操作》
编审委员会

《张拉工安全操作手册》
编写人员

致工友们的一封信

LETTER

亲爱的工友：

　　你们好！

　　为了祖国的交通基础设施建设，你们离开温馨的家园，甚至不远千里来到施工现场，用自己的智慧和汗水将一条条道路、一座座桥梁、一处处隧道从设计蓝图变成了实体工程。你们通过辛勤劳动为祖国修路架桥，为交通强国、民族复兴做出了自己的贡献，同时也用双手为自己创造了美好的生活。在此，衷心感谢你们！

　　交通建设行业是国家基础性和先导性行业，也是安全生产的高危行业。由于安全意识不够、安全知识不足、防护措施不到位和违章操作等原因，安全事故仍时有发生，令人非常痛心！从事工程施工一线建设，你们的安全牵动着家人的心，牵动着广大交通人的心，更牵动着党中央及各级党委、政府的心。为让工友们增强安全意识，提高安全技能，规范安全操作，降低安全风险，保证生产安全，我们组织开发制作了以动画和视频为主要展现形式的《公路施工安全视频教程》(第五册　工种安全操作)，并同步编写了配套的《公路施工安全教育系列丛书——工种安全操作》口袋书。全套视频教程和配套用书梳理、提炼了工种操作与安全生产相关的核心知识和现场安全操作要点，易学易懂，使工友们能知原理、会工艺、懂操作，在工作中做到保护好自己和他人不受伤害。

　　请工友们珍爱生命，安全生产；祝福你们身体健康，工作愉快，家庭幸福！

广东省交通运输厅

二〇一八年十月

目录

CONTENTS

1 PART / 张拉作业简介

（1）预应力张拉是在钢筋混凝土构件中提前施加预应力，以提高构件的抗弯能力和刚度，增加构件的耐久性。

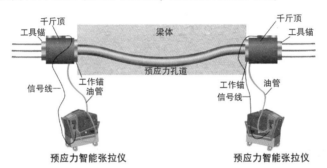

张拉原理示意图

（2）预应力张拉主要应用在桥梁预制及现浇梁板、边坡和基坑预应力锚索防护等部位。

边坡预应力

基坑预应力

⚠ 注:其中桥梁预应力张拉在公路工程中最具有代表性。

(3)桥梁张拉按张拉工艺可分为先张法与后张法。

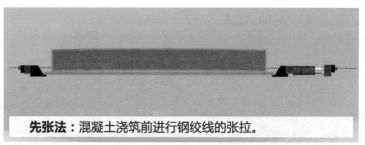

先张法:混凝土浇筑前进行钢绞线的张拉。

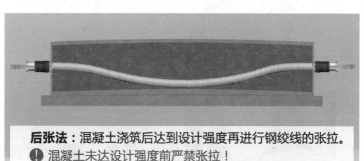

后张法:混凝土浇筑后达到设计强度再进行钢绞线的张拉。
⚠ 混凝土未达设计强度前严禁张拉!

（4）按张拉方法可分为人工张拉和智能张拉。

人工张拉：人工手动驱动油泵，根据压力表读数控制张拉力，用钢尺手工测量张拉伸长值，记录数据。

智能张拉：通过计算机程序控制整个预应力张拉过程，张拉力精确、同步精确、实时监控、管理规范、数据真实等。

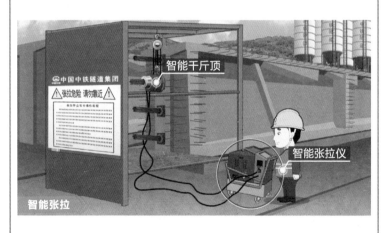

传统人工张拉和智能张拉系统对比			
序号	比较内容	传统人工张拉	智能张拉系统
1	张拉力精度	±15%（精度1MPa）	±1%（精度0.1MPa）
2	自动补张	无此功能	张拉力下降1%时，锚固前自动补拉至规定值
3	伸长量测量与校核	人工测量，不准确，校核不及时，无法规范实施"双控"，最高精度1mm	自动测量，及时准确校核，与张拉力同步控制，实现真正"双控"，精度0.01mm
4	对称同步	同步精度低，无法实现绝对同步张拉	数据准确，及时校核，实现张拉力与伸长量同步控制，多顶同步张拉
5	张拉过程控制	加载速率不均匀，持荷时间误差大	加载速率均匀，持荷时间控制准确
6	卸载锚固	存在卸载速度大的情况，回缩量大	可缓慢卸载，避免冲击，减少回缩量
7	回缩量测定	无法准确测定锚固后回缩量	可准确测定实际回缩量，判断夹片滑丝情况
8	张拉记录	人工记录，质量难以掌握	自动生成，数据真实、准确，有追溯性
9	张拉效率	最少两人操作，同时需要测量、记录及指挥人员，工效低	一人控制电脑，一键完成张拉作业
10	安全性能	边张拉边测伸长量，存在风险	操作人员远离危险区域，安全有保障

（5）张拉材料如下：

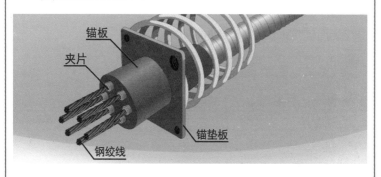

预应力钢筋	锚具	夹片
螺旋肋钢丝、刻痕钢丝、低松弛钢绞线、精轧螺纹钢筋	挤压式锚具、螺母锚具、JPM夹片式锚具	夹片

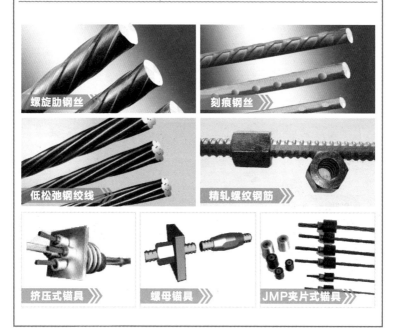

（6）钢绞线的强度要求：

预应力钢绞线是由多根高强度钢丝构成的绞合钢缆，常用钢绞线的抗拉强度等级为 1860MPa。

钢绞线抗拉强度等级						
抗拉强度（MPa）	1720	1770	1860	1960	2000	2100

（7）张拉设备的标定：

该标定而未标定的设备，严禁使用！

张拉设备应配套标定，配套使用
下列情况下应重新进行标定：
（1）使用时间超过6个月；
（2）张拉次数超过300次；
（3）使用过程中千斤顶或压力表；
　　　出现异常情况；
（4）千斤顶检修或更换配件后

(8)张拉控制：

以张拉力为主,伸长值校核。

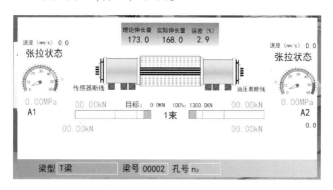

2 PART 张拉工主要工作内容及安全风险

2.1 张拉工主要工作内容

　　预应力钢绞线下料、安装、张拉、注浆,作业设备清理保养等。

钢绞线下料

安装

张拉

2.2 预应力张拉作业中存在的风险

（1）**物体打击**：张拉中千斤顶或锚具滑脱飞出、高压油管爆裂弹出、钢绞线弹出等。

（2）**高处坠落**：高处张拉作业时，临边防护及个人防护用品缺失。

（3）**触电**：电气设备接线不规范及绝缘防护不到位。

触电

（4）**机械伤害**：砂轮切割机或注浆设备造成的伤害。

机械伤害

3 PART / 张拉工基本安全要求

（1）张拉工入职要求：

年龄

18~55周岁

身体

· 健康
· 在指定医院体检合格
· 无职业禁忌

入场

· 岗前安全培训完成，且熟练掌握张拉施工工艺、安全风险及防范措施，并经过考试合格
· 岗前进行安全技术交底

❗ 未经培训考试合格人员，禁止张拉作业。

（2）个人防护：安全帽、工作服、防护眼镜、防滑手套、安全带等应规范佩戴，压浆作业佩戴防尘口罩、耐腐蚀橡胶手套、水鞋。

安全帽　防护眼睛　工作服　安全带　防护手套　防滑鞋　防尘口罩　橡胶手套　水鞋　压浆作业人员

❗ 禁止带病作业，禁止酒后作业；穿戴规范，禁止穿拖鞋、短裤，禁止戴耳机；袖口、下摆及裤管等应扎紧。

（3）张拉作业所用的各类机械设备防护应齐全完好。遇临时停电，应立即切断电源。

高压油泵　千斤顶　卷扬机　切割机　穿束机　注浆机

（4）张拉作业必须在张拉千斤顶的侧方进行，严禁在正面作业。

（5）预应力筋张拉或放张不宜在雨雪大风天气及温度低于0℃的环境下进行。

（6）压浆过程中、压浆后 48h 内,结构混凝土的温度低于 5℃的应采取保温措施。当日间气温高于 35℃时,压浆宜在夜间进行。

⚠️温度高于35℃，暂停压浆。

4 PART 钢绞线下料及安装作业安全要求

（1）下料前,应对钢绞线进行检查,确保无锈蚀、麻坑及其他缺陷。严禁使用锈蚀钢绞线、有麻坑钢绞线。

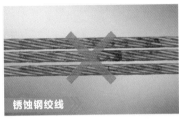
锈蚀钢绞线

有麻坑钢绞线

（2）钢绞线应放入专门的下料架内,下料前从其内放出。

⚠ 小心:弹出伤人。
钢绞线下料架

（3）下料牵引钢绞线时,应有不少于2人配合缓慢牵引拉出,禁止单人牵引作业。

（4）钢绞线应采用砂轮机切断,严禁采用电弧或气割切断。

局部加热改变钢绞线受力性能，导致脆断。

砂轮切割 ▸▸

气焊切割 ▸▸

（5）采用高压风进行孔道清理时,孔道正后方严禁站人。

（6）钢绞线穿束宜使用穿束机。

穿束机

（7）采用卷扬机配合穿束时，应匀速、缓慢牵引。

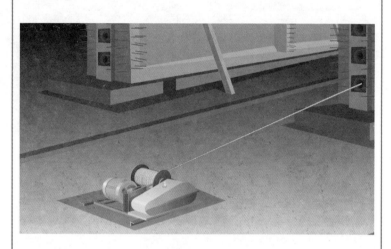

❗ 严禁采用装载机等机动车牵引钢绞线束；牵引时，严禁人员从被牵引的钢绞线上方跨越。

5 PART / 钢绞线张拉作业安全要求

（1）张拉作业中涉及的用电设备必须满足临时用电安全规范要求。

接线规范，绝缘良好，无裸露线头；漏电保护器参数合理（30mA，0.1s），测试脱扣灵敏。

（2）张拉前应对张拉所需材料进行检查，对有外观缺陷的材料进行剔除。

（3）张拉前需对梁体支垫及外观、梁体强度、混凝土弹性模量及龄期、钢绞线直径及弹性模量、张拉设备状态、张拉周边防护措施等进行确认,未确认不得进行张拉作业。

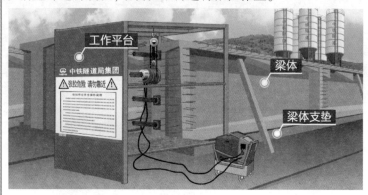

● 支垫稳固;梁体外观无裂缝。

● 梁体强度、弹性模量(或龄期)应符合设计规定;设计未规定的,混凝土强度不低于设计强度的 80%,弹性模量应不低于混凝土 28d 弹性模量的 80%。

● 梁体两端设置张拉专用工作平台,平台必须有防护屏障,必须有明显的警示标识。

（4）张拉时必须安排专人对张拉作业区域进行监护,严禁无关人员或车辆进入张拉区域。

（5）张拉作业时，所有人员均应在千斤顶两侧安全区域作业，任何情况下，严禁人员、车辆等在千斤顶正前方停留或穿行。油管接头部位不得站人，不得踩踏高压油管。

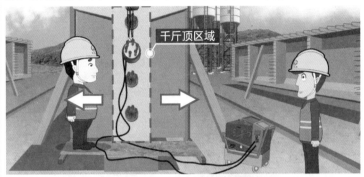

（6）张拉作业端头区域1.5～2m处须设置强度足够的防护挡板，防护挡板应当有足够的覆盖范围。

（7）张拉时须由专人统一指挥,发现张拉设备运转异常时,须立即停机,故障排除方可继续操作。

❗ 若油表震动剧烈、漏油、电机声音异常、发生断丝或滑丝等现象,须立即停机。

（8）张拉过程中,千斤顶、管路、油泵等在张拉负荷时,不得撞击和拆接。

撞击千斤顶

拆出管路

拆接压力表

(9)张拉时,应使千斤顶、锚具、锚垫板的轴线保持一致;千斤顶送油或回油速度要缓慢均匀,两端张拉、量测均要同步;不得突然加压或卸压;在张拉作业中,严禁工作油压超过额定压力。

(10)人工张拉时,油泵操作人员不得擅自离开岗位,如需离开则必须切断电源;智能张拉时,必须时刻关注相关数值,不得离开控制台。

(11)高空张拉时,必须搭设稳固的脚手架或挂篮,脚手架或挂篮的临边防护必须规范可靠,并按要求佩戴安全带。

作业场所防护措施确认安全后方可作业,当心坠落。

(12)张拉完成后,应先切断高压油泵电源,缓慢松开回油阀,待压力表退回至零位,使千斤顶全部卸荷时,方可卸开千斤顶油管接头;对梁端部及其他部位进行查验有无新增裂缝。

（13）预应力筋在张拉控制应力稳定后方可锚固。锚固完并检验合格，静停24h后采用手持砂轮机切割端头多余的预应力筋，切割后的外露长度不宜小于30mm。

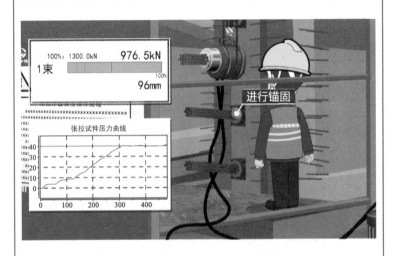

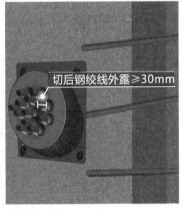

6 PART 放张作业安全要求

（1）先张法放张作业时,混凝土强度必须达到规定值,得到技术人员的许可后方可进行放张施工作业。

（2）预应力筋放张时,动作应缓慢,逐步放张。放张预应力的顺序应符合要求,按照分阶段、对称、相互交错的原则进行放张。先放张预应力较小区域,再放张预应力较大区域。

7 PART / 张拉作业其他注意事项

（1）张拉工应做好设备电力线路、液压管路、压力表的日常检查，发现故障及时上报处理。

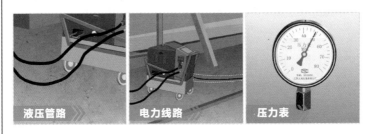

液压管路　　　电力线路　　　压力表

（2）锚具夹片必须在室内存放，并采取防潮防锈措施，保持清洁，防止夹片锈蚀造成滑丝。

室外

（3）张拉设备配套的工具锚应采用同锚具同厂家的配套产品；锚具安装后，应当及时进行张拉，避免生锈影响锚固性能。

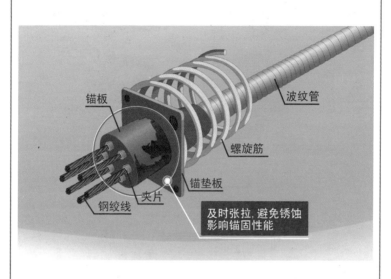

锚板

波纹管

螺旋筋

锚垫板

夹片

及时张拉,避免锈蚀
影响锚固性能

钢绞线

（4）张拉时发现以下情况,应立即放松千斤顶,查明原因,采取纠正措施后再恢复张拉。

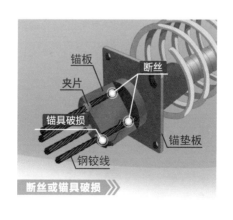

锚板

断丝

夹片

锚具破损

锚垫板

钢铰线

断丝或锚具破损 ≫

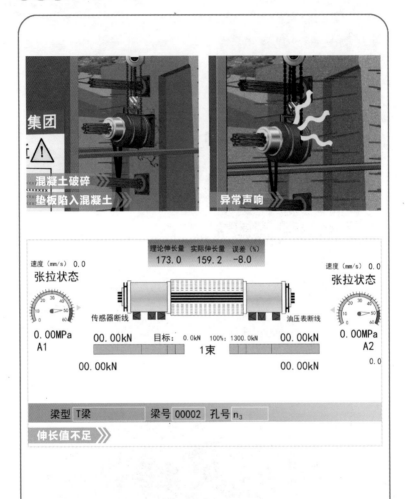

8 PART / 预应力孔道压浆作业安全要求

（1）预应力孔道压浆前，压浆管等接头应连接牢固。

压浆管接头连接牢固

（2）压浆操作人员须站在侧面操作，严禁正对压浆孔口。

压浆孔口

压浆台车

水箱

压浆孔口

压浆台车

水箱

（3）拆卸压浆管时，须待浆液完全卸压后方可进行。

（4）及时对机械进行清洁保养。

张拉工安全操作口决

钢绞线　下料架　机切割

表和顶　配套用　严双控

张拉时　防护牢　莫正对